U0175529

打造你的简单生活

「シンプル＋スッキリ＝ラクチン」のもの選び

［日］holon·霍伦 著

山东人民出版社·济南

国家一级出版社 全国百佳图书出版单位

前言

就业、结婚、生子、买房子……为了在日复一日的平淡日子中愉快生活，我学会利用一些小诀窍。只要用某件物品做点改善，就可以缩短家务事时间，减轻每天的压力。我在反复进行这些小改善时，铲除了多余的事情与物品，觉得简单生活是最棒的。一旦选择简单＋清爽的生活，日子就会过得很轻松。

为了记录把家里收拾得很清爽的感受，同时提升自己的干劲，我开始将照片上传到 Instagram。浏览的访客多到令人惊讶，于是我也得到出版这本书的机会。

本书会介绍我维持简单生活的"选择"，以及我在生活中使用这些物品的方式。我本身是从许多人的生活智慧中获得新发现，然后再一点一滴地改善自己的生活。虽然书里记载的顶多只有一个例子，但如果它能为各位在生活中得到灵感或启发，我也会很开心的。

选择简单＋清爽的生
活，不管打扫或是整
理都很轻松！

虽然我不是工作到深夜，充满事业心的女强人，但我是个一边育儿，一边有正职工作，夜以继日都在忙碌的职业妇女。在家里我总会手忙脚乱，没有太多时间做家务事。尽管如此，我还是对不得已放弃这些家务事、马马虎虎地过活的人感到遗憾。就算孩子还小，就算分配给家务事的时间很少，我还是想在整理得干干净净的房子里舒适地生活。

开始这样想之后，我就尽量简化要用的东西，只拥有必要的物品，我的清爽生活就这样成形了。于是，打扫再也不辛苦，一下子就能结束，我也不必被找东西这件事搞得晕头转向。就算家里有些凌乱，但收拾起来也只要花一点点的时间。真的好轻松。所以，我最喜欢简单＋清爽的生活了。

虽然简单＋清爽的生活会让人很轻松舒适，不过只优先考虑这件事，而极度简化使用物品的极简生活并不适合我。我喜欢能为生活带来丰富色彩的可爱的生活杂货，但也想珍惜那种坐在设计感十足的沙发上时，天天都很雀跃的心情。光是看着就觉得开心，我认为这样的物品对生活而言也是必要的。

虽然我喜欢可爱的东西，不过过
着令人兴奋的生活也很重要。

我想以简单的方式来过舒适的生活，也很珍惜每天都要有的雀跃心情。我的生活，就是在这些事物中一面取得平衡，一面过下去的。

首先是
介绍 holon 的家！

用喜爱的沙发当主角的客厅

客餐厅共约有 22 平方米；家具我都挑自己喜欢又用得久的款式，偶尔会用更换屋内摆设的方式，来过简单的生活。

我家位于东京郊外，是大约有 80 平方米的 3LDK（三房两厅一厨）的房子。结婚之后，我有一段时间是租房子住的，两年多前才买了这个房子。我与老公、4 岁女儿和未满 1 岁的儿子住在这里。

屋内是一般常见的格局，南边是客餐厅，有半开放式的厨房，以及与客厅共存的西式房间，北边有两个独立房间。虽然客厅旁的房间大多采用和室格局，不过我家的生活方式是不需要和室的，因此就选择了西式房间。

用拉门串起客厅旁的
西式房间

　　与客厅共存的西式房间有8.25平方米。因为是用拉门隔开，所以能拿来当独立房间使用，也可以打开门作为客厅的延伸空间。

西式房间是
具有各种用途的自由空间

　　若能拿来当孩子的游戏间，当然也就可以铺上棉被当成家人的寝室。依照季节变化灵活运用这空间是件开心的事。

从厨房也能瞭望客厅

　　由于是半开放式的厨房，因此能够眺望整个客厅。可以让人一边注意孩子的情况，一边准备餐点或收拾东西。

格局为 80 平方米的房子

独立房间②

在不需要开空调的春秋两季，我会在这个房间铺上棉被，和全家人睡在这里。只要定期更换寝室，没人用的房间也不会堆满物品。

玄关

我会随时留意玄关的整洁。置物柜里会摆放外出时的玩具，以及电动脚踏车充电器等物品。

独立房间①

目前这里是老公的收藏室。等孩子大一点儿，就会拿来当我们夫妻的寝室或孩子的房间。

衣物间①

因为是家里最大的衣物间，所以全家人的衣服都收在这里。要注意的是，只要不让衣服超出这里的容纳量，衣服数量就不会变多。

浴室

浴室也常会用来收东西，所以不会拥有附加功能的收纳家具，只在墙上装吊柜。

厨房

因为家里没有食品储藏室的空间，所以就用大冰箱来代替食物柜。冰箱旁摆了木制的开放式置物架。

衣物间②

这是开口在客厅旁的西式房间里的壁橱，因此收纳着玩具跟图画书，以及放着把这个房间打造成寝室时会用到的棉被。

客厅壁柜

这真的是个很小的柜子，里头收着家用电话、药品、文具、手机充电线等物品，放那些不需要出客厅就可以拿到的用品。

储藏室

因为这里是接近格局正中央的地方，所以会用来收纳经常使用，如打扫用具、摆饰等小东西，或库存的消耗品。

**电视周围
要保持清爽!**

　　我把电视装在墙上,又动了点心思藏起周边设备,弄得很清爽;这里甚至连餐桌都没有。

将常用物品摆在方便拿取的地方

　　把真正常用到的物品放在客厅墙上的固定位置;只要定下东西用完一定要归位的规矩,全家人就会自己找到要用的东西。

**浴室
随时都要很舒适!**

**玄关
就要干干净净!**

　　这是个不管怎么整理都感觉得出是有人使用的地方,因此要把所有物品收到镜子后方的收纳空间里;只要不把东西拿出来,擦拭起来也很轻松。

　　这里不只是家人和朋友,也是快递、宅配人员会看到的家中门面。我会勤于清理,摆上净化的盐堆,随时留意这个地方的整洁。

Contents

目　录

Chapter 1　简单＋清爽的生活之九大要点

Chapter 2　简单家居用品的选择

Chapter 3　轻松做家务事的选择

与本书有关的事

　　文章中的物品全是我的个人物品。虽然有载明在何处购买的，但现在也有可能已经买不到了。标明"在网络搜寻后购入"的物品，是先以商品或品牌名称搜寻，再依照价格和店家评价来决定要向哪家店购买。

　　比起介绍物品本身，本书的主题更着重于推广物品的选择与使用方式。各项商品并不是以广告为目的来介绍的。另外，文章提及的商品感想与方便程度，都以作者的个人观点而定。

　　商品的使用、收纳方式，都是由作者本人以生活的便利性与安全性等条件，做出个人判断后再执行的。如果要当成生活中的参考，请在各种条件下充分评估其安全性与实用性后再采用。

　　文章中的内容是取自采访当下的资讯。

Chapter 1

简单 + 清爽的生活
之九大要点

① 只拥有能让自己轻松管理的物品数量

其实我当学生时真的很不会收拾东西，家人甚至说我是"不会整理的女人"。衣服、为兴趣收集的小玩意、上课要用到的物品……因为东西太多，数量早就超过我能管理的范围。虽然我到今天才晓得原因，不过当时的我并不了解，只会反复陷入刚整理好又马上变杂乱的无限循环中。总有很多忘记的东西或是要找的东西，是个很邋遢的人。

一旦东西变少，生活就会变得简单，真的很轻松。不管打扫还是整理，一下子就完成了。老公是我改变的契机，他是个用很少的东西就能过活的人，所以我在他的影响下，彻底迷上这种舒适轻松的感觉。

当你决定拥有物品的时候，就要找地方放，或是去保养它。如果东西少，打扫时就会很轻松。可是东西一多，就要绕过或是搬动它，会变得很麻烦。物品越多，管理就越辛苦。自从我明白这个道理后，就开始留意物品数量，立志让自己有个不必辛苦管理物品的简单生活。

目标是七成的收纳量!

为多余的空间感到高兴!

无论是厨房的开放式置物架还是浴室的吊柜,都留有多余的空间。我只会拥有方便自己管理物品的数量。

アルカリ

要点2

② 用心挑选说得出购物理由的合用物品

我有很多可以摊平的包包，喜欢托特包的理由之一就是能不费事地塞进小空间里。

我会拿它来坐，拿它来放东西和当边桌。Artek品牌的椅凳有很多用法，还能搬到各个地方充分利用。

买东西会让我很开心。不过靠着"这好可爱"或"这好方便"的直觉来选择，东西就会越来越多，拥有的物品也会超出自己能够管理的临界点。人会对随意"舍弃"物品这件事感到挣扎，所以在东西进入家里前，我都会特别注意。为了打造简单＋清爽的生活环境，东西的选择是很重要的。

自从我折服于清爽生活的魅力后，就会去思考"为什么要买那个"，还有"为什么想要这个"。于是就要知道挑选购入物品的理由。比方说椅凳，它可以用来当边桌、当置物架，而且只要叠起来放就不会占空间。包包的话，款式就要合乎自己的轻便风格。不只用于外出，还要可以拿来放家里的东西。它能摊平摆放，不会塞满收纳区。

我喜欢能继续使用的物品，所以会去想这个东西有没有其他用途，因此用途是否合理常会成为我选择它的理由。不要很笼统地挑选，若说得出理由的话，东西就不会增加太多。

要点3

③ 留意"工时"，打造收得轻松、拿得方便的收纳场所

我进入某制造商工作算起来有十几年了。这段时间，我感觉公司的工作慢慢简化，因此就减少了一些白天工作的时间。通过提高工作效率，清楚地明白减少一道手续的工作时间——"工时"的重要性，因此就算在家里，我也会以减少工时的方式来收拾物品。

比方说，拿锅的时候。当锅很重或手上有其他锅时，就要经过：首先挪开碍事的锅，然后拿出要用的锅，再次把挪开的锅归位这三道手续。但是，如果没有碍事的锅，可以马上拿出要用的锅，如此一来，拿锅这件事就会很轻松。一旦东西变少，就可以用少许工时轻易打造收拾物品的环境。只要留意用少量的时间来收拾物品，不只是拿东西，要把家里整理成原有的清爽状态就变得很容易。

这是厨房炊具下的抽屉。我收锅时都会用隔板立起来，因此不必挪用东西就能马上拿出来。

用壁挂式置物架收东西，不管拿进拿出都只要花一道手续。只要用少许的工时来收拾，就连我4岁的女儿都会积极参与。

要点4

4 反复执行不乱丢，用完就归位的动作

维持这种状态，打扫就会很轻松！

虽然只要花时间清理就会变干净，可是平常有很多东西拿出来后，就会一直放着或乱丢，这种习惯会大大降低简单生活的魅力。一直保持在很干净的状态，打扫起来才会轻松，心情也会跟着变愉快。

我认为这样的好心情，只能靠反复执行用完归位、拿出来再收回去的动作才能感受到。可是要生活，就必须随时拿东西出来用。就算是在我家，也会有地上丢满孩子玩具、厨房流理台一团乱的时候。不过，我不会让它一直这么凌乱，用完就会整理好。如果无法马上动手，我就会等到晚上就寝前或早上起床后再收拾，保持一天要整理一次的状态。总之，我每天都会这样做。

因此，为了让自己在反复执行这些动作时不觉得费事，我动了一点儿心思来打造简单＋清爽的生活。当你学会用少许时间将东西收进容易收纳的地方，只拥有方便自己管理的物品数量时，"反复执行"起来就会很轻松。我认为只要注意到这点，就会产生良性循环。

＼ 也不会有东西老是丢在洗脸台上。 ／

要点5

⑤ 先尝试"没有"的生活，再斟酌是否真的需要

生完孩子之后会需要很多的新东西，特别是生第一胎时，会想要事先做好功课，准备各种物品。可是，最后这些东西中也会留下很多不常使用的，或是变成只用了一段时间就不会再用的物品。因为我是第一次养育小孩，所以总会因为担心而不停地买东西。然而现在是网购时代，为了避免增加不实用的物品，我想到一个方法，就是要等到非买不可时才购买。比如儿童安全栅栏，如果家里有养宠物，或是哥哥姐姐年纪还小，也许真的需要用到。目前我家似乎还用不到，所以暂时以"没有"的方式在生活。不只是育儿用品，我喜欢在家里已经有的东西上动脑筋。动脑筋本身是件开心的事，不仅让人清楚自己是否真的有这个需求，而且不会让东西变多。

我连不让孩子进到厨房的儿童安全栅栏，都会先以"没有"的方式试试，等到非装不可的时候才会购买。

我都用小床垫代替婴儿床。因为没有太大的高低差，所以小孩滚下床也不会酿成大祸，要换地方摆也很轻松；床包是我用 IKEA 的棉被套做的。

要点6

6 在决定拥有之前，要先想到不用时该怎么处理

在购买之前，我也会先确认报废的费用；这样就不会做出"因为便宜就买起来闲置"的选择。

整理箱我会选能摊平的；改变物品的收纳方式，即使暂时用不到也不会造成麻烦。

  在购买现在住的这套房子之前，我曾搬过两次家。塑胶的整理箱以及大到不行的篮子，都不能拿到新家好好使用，最后就被我报废丢掉了。因为在日本这些东西都得当成大型垃圾来处理，而且还会产生多余的开销。

  从此之后，我要购买大件物品时，都会先想想不用时该怎么处理。名牌的东西都能转卖给二手商店，可是买到不知名厂商的东西就难以处理了。家具也是一样，我会以能够转卖的方式作为选择物品时的一个标准。整理箱会留意不用时是不是能摊平，或是拆解。有这样的标准，东西就不会增加，反而会让自己过上清爽的生活。

要点7

7 戒掉用来炫耀的花费，购买打从心底喜爱的物品

我喜欢托特包胜过名牌包；当人不再会炫耀时，手边就会留下真正喜欢的东西。

　　想让自己看起来时尚，想让人觉得自己用心在过活，就会在选东西时，买可以向人炫耀的物品，将自己包装成心里期望的那个模样。因此，我会选择任谁看了都觉得自己很有品位的名牌包；或者，为了展现自己会好好爱惜物品，就去买天然素材制成的竹篮，相信各位都有这样的购物经验吧？不过，我总是一身轻便，很少有机会拎高级包包；也不擅长下厨，把轻松列入优先考量的我，也无法顺手地使用竹篮来摆盘。

　　想要一样东西，就要扪心自问是不是为了炫耀。只要好好留意，选择打从心底喜爱的物品，买东西的习惯就会慢慢改变。

要点8

8

不必连收纳区的"里面"
都要干干净净

这是储藏室。
只要利用文件收纳
盒等物品，就可以
把东西收得整齐，
一目了然。

如果买东西时
给的纸箱很可爱，
尺寸也合适的话，
我就会放在储藏室
用来收纳库存品。

    我浏览其他博主的网站，会对大家收纳时的诀窍与美观感到肃然起敬。因为我家收东西的方式不太具有参考价值，所以与收纳有关的文章我也只写了少少几篇。我对收纳的要求就是花的时间要少，拿进拿出要轻松。还有，不要用到太多的收纳用具。

    当孩子长大，收纳就会产生变化。如果收纳用具准备得太齐全，也可能会变成占空间的东西。实际上，还会有些收纳用具用得不顺手，最后当成垃圾丢掉的时候。最近我总会想，收纳区里面只要方便收放东西就好，不用太注重它的整洁。有时候我也会使用纸箱或牛奶盒，这些东西用起来十分方便，要是脏掉或旧了，还可以毫不犹豫地换掉，因此收纳用具也不会变多。

要点9

9 不制造库存，就从选择小包装物品开始

调味料或化妆品，就算价格贵一点儿，我也会尽量买小包装的。除了可以趁新鲜时用完外，体积小也不会占空间。

　　调味料不选择大容量的，就不会有库存问题。五个一组的面纸，等到开始用最后一盒时再买下一组回来。调味料容量小，就能好好收进冰箱里，也可以趁新鲜时用完。因为我几乎天天到超市买东西，所以从来不会有困扰。防晒乳液和化妆品也是，会尽可能选择小包装的。这样不只能舒适地用完它，还可以在外出时带出门。

　　依照居住地的便利性和购物频率，或许有些家庭是需要准备库存的。不过，从我家的生活环境来看，只要超市或网络商店都有存货，我就不必担心。不制造库存，就会有充裕的收纳空间，其他东西则会变得好整理，或是更方便拿出来用。

\ holon 的小巧思 ① /

拿掉对自己而言多余的物品

比如说水槽附赠品，就是用来放洗碗精和海绵的挂篮。挂篮本身会藏污垢，清理起来很辛苦。因此我会拿掉挂篮，把洗碗精和海绵摆在水槽角落。只要把原本固定挂篮的地方保持干净，我觉得没有挂篮也没关系。

Chapter 2

简单家居用品
的选择

＼ 我喜欢撞色 ／

沙发垫是我自己做的撞色布套。
我把它缝成袋子的形状，然后紧紧地
包住整个坐垫，看起来很清爽。

step 1

把靠垫往上拉,里头收
着毯子之类的东西。

step 2

只要拉开卷放在里面的
床单,就能迅速变成一张床。

沙发背后是平的,可以拿来摆咖啡或台
灯,也能用来暂放一些书或杂志,所以很有用。

想着要用一辈子
才购买的北欧沙发

汉斯·韦格纳(Hans J. Wegner)设计的 GETAMA GE258 沙发 / 在网络搜寻后购买的复刻品

　　客厅的沙发是北欧的复刻商品,我喜欢它可坐可收纳的两用特性,
于是咬牙心一横,就决定买下来。衣服就算喜欢,也不会每天穿,只
要收起来就看不见了。可是家具每天都会看到用到,它和衣服、首饰
不一样,是可以跟全家人共用的物品,这也是我在购买家具时砸下很
多预算的原因。真正喜欢的物品可以用得长久,如果是好东西,就算
自己用不到了,也会有别人去使用。这些想法也助力我购买了这张沙发。

　　我不会买齐很多餐具或生活用品,我会把这部分的费用投资在家
具上。只要有喜欢的家具,我就会很满足,也不会去买没用的小东西,
这样就能防止增加东西。

也可以变成边桌

这椅凳虽然有四脚的，但我更倾心于三脚设计的美丽。即使不能用来当脚凳，它还是有很多功能，因此我才会优先选择设计。

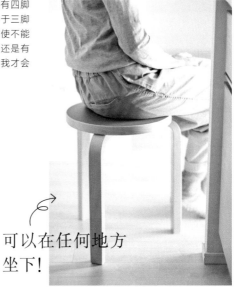

可以在任何地方坐下！

可以叠起来放

就算叠起来放也有一种美感，
让人感受到功能与美感的结合。

放东西

比起直接摆在地上，凌乱包包只要
放在椅凳上，就会有收拾过的错觉，真
的很神奇。

多种用途
的椅凳

阿尔瓦·阿尔托（Alvar Aalto）设计的 artek 60 椅凳／在网络店家 scope 购买

椅凳除了坐下这个原有的用途之外，它还可以拿来当沙发旁的边桌，或靠到墙边当摆放包包等物品的暂时置物架，摆在玄关，还可以放拿回家的重物，或用来坐着穿鞋等使用方式。这对喜爱东西有多种用途的我来说，是最合适的家具。虽然我常会把它叠放在沙发旁，但它就这样摆放着的样子也很棒，光是看着就让人好满足。

这张椅凳让我注意到北欧家具的好。虽然坊间也推出许多类似设计的产品，不过当它送到家时，我感受到一股强烈的存在感。以"长寿"商品获得全世界喜爱的家具，果然有独特之处，它也是我爱上北欧家具的原因。

半圆桌平时都贴着厨房吧台下方的墙面摆放。将其摆上就可以直接用，想有宽敞的使用空间再拉出来。

可以直接搬过走廊

深度为 60 厘米，无须拆解就能直接搬过走廊则是它吸引人的地方。挪到北边的独立房间也很轻松。

目前我拿它当电脑桌或缝纫时用作作业台，将来让孩子们在这里念书也不错。

不会拿来堆东西
实用率高的半圆桌

阿尔瓦·阿尔托（Alvar Aalto）设计的 artek 半圆桌／在网络找到的店家，购买的复刻品

　　我从一开始就不打算购买大型餐桌，之所以会这样想，是因为我家习惯在矮桌前吃饭，再加上娘家的餐桌几乎没在使用，都拿来堆东西了。那张餐桌占去很大的空间，又很有压迫感，连要挪动它都很费劲，于是就那样一直当摆设了。

　　就算用不到餐桌，但没有桌子还是很不方便，这时我的选择就是半圆桌。用它来打电脑或缝纫东西时足够用，不用时只要挪到吧台下方，屋子里就不会有压迫感。因为它的深度是 60 厘米，所以可以直接搬过走廊，要用它来更换屋内摆设也很容易。如果还有需要，只要再买一张就可以凑成圆桌。

儿子的第一双鞋，事实上我也会像这样展示生活用品。小狗摆饰是丽莎·拉森的作品。

因为墙面用的是石膏板，所以要用石膏板专用的壁虎螺丝来固定钉子。这会留下明显的打洞痕迹，因此决定位置前要多注意。

1月

2月

12月

日本过年时吃的年糕，立春前夕使用的鬼面具。虽然不是很铺张，但利用能感受到当季气氛的小玩意装饰一下，心情就会很雀跃；这是具有壁龛功用的一个角落。

北欧上墙式层架

阿尔瓦·阿尔托（Alvar Aalto）设计的 artek 上墙式层架／在网络搜寻后购买

　　因为要简单和清爽，所以我把方便打扫跟利于整理的家具优先列入选择的范围。这里的层架，可以说是我唯一的"游戏"区域，我决定只在这个区域布置生活品。新年、立春前夕、女儿节，三不五时就更换展示品，也能享受季节变换的乐趣。

　　与其四处摆放生活用品，集中在一个地方看起来还比较不杂乱，也能营造布置时的层次感。虽然地方小，但我只要可以在这里装饰就十分开心，而且分量刚刚好。

　　虽然摆放生活用品打扫起来会有些麻烦，但只是更换展示品时，顺便迅速擦掉灰尘的话，也没什么问题。事实上，我会频繁更换摆设，因此这里几乎不会积灰尘。摆放展示品时我也会留意要有多余的空间，注意不要陈列太多物品。

\ 我只在这个地方展示物品 /

百叶窗也很适合简约设计风，不过我家窗户很大，再加上它可能会被孩子拿来玩，所以选择了窗帘。

经过形状记忆加工的
遮光窗帘

遮光又有防焰处理的 Plenty 窗帘 / 在 Kurenai 窗帘购买

我家客厅的落地窗很大，要是购买名牌窗帘，会非常昂贵。因为我想要把预算挪到大型家具上，于是上网找了能够便宜定制窗帘的店家。虽然这样会有靠图片断定质感的风险，但是在衡量功能与价格的轻重后，只要自己能接受，我也会果断地上网购物。

搭配遮光、防火、隔热效果等功用，最后让我决定购买它的关键就是形状记忆加工。走简约设计风的我家，不需要有满满皱褶的窗帘。这窗帘一开始就做了好看的简单皱褶，收合起来也不会太厚。因为它不厚重，感觉就很清爽。

因为置物架每一层的间隔很小,所以就算换了微波炉,或要挪到别的房间作为它用都没问题。

从客厅看到的
木制开放式置物架

橡木组合置物架／在无印良品购买

　　我家是半开放式厨房,从客厅就能看见这个厨房里的置物架。虽然市面上有卖专门摆在这种地方的餐柜,可是都太大又有压迫感,考量从客厅看过去的样子,以及与其他家具之间的搭配,我选择了简约的开放式置物架。由于我未来也想拿它到其他房间使用,所以就挑选了木头材质,而不是冷调性的不锈钢架。这个置物架有温暖的感觉,层板的间隔小,因此用途也很广。它能搭配收纳的物品来调整间隔大小,这是它迷人的地方。

　　我也想把它当成回家时暂时摆放东西用的置物架,或在下厨时暂时放东西的台面,所以架子上方基本上不会摆太多东西。

这跟用生活用品来装饰不同，只要挂在墙上就不会占用空间；挂钩选择的是洞口不会太大的款式（参考第87页）。

我有三张布画，因此会按照季节或心情更换。绘制的画会很难收纳，但如果是布画就不会占空间了。

能够轻松营造
艺术气息的布画

安原小姐的布画 / 在 STYLE STORE 购买

画框背面的不锈钢索要绑短一点儿，这样吊挂时不锈钢索才不会从上面露出来。这是我营造时尚的一点儿小窍门。

厨房墙面是我家的小画廊，但是用绘制的画作来装饰实在太困难了，所以我把安原小姐的布画装进画框里来装饰。因为布画是用烫过就不会起皱褶的木棉制成的，处理起来并不费力，所以更换摆设时也很轻松。它也不像要卷成筒状来收藏的海报那样，只要折一折就变小了，就算有好几块布也不碍事。画布还可以挪为他用，比如拿来当便当包巾也是我中意它的地方。

它 和 我 原 本 有 的
IKEA 画框尺寸很符合，
给我那实用至上的厨房带
来画龙点睛的效果。

只要换一块布，
心情就焕然一新！

买靠垫比买衣服更恰当，还可以近距离欣赏我最爱的品牌；跟北欧家具很速配也是我喜欢靠垫的原因。

简单生活
就要有增加童趣的靠垫

minä perhonen 的靠垫 / 在实体店铺与百货公司购买

　　感觉只要有可爱的靠垫，就可以被治愈。日本设计品牌 minä perhonen 的布料细节都很讲究，而且真的很棒，我以前就很喜欢。可是，把布料做成衣服，就算再怎么喜欢也不可能天天拿来穿，而且还有季节限制，所以我就把它用在布置上。靠垫可以每天拿来倚着靠着，还可以每天欣赏到。

　　圆形的靠垫是大约十年前，我还没结婚的时候买的。因为我太珍惜它了，所以购买之后就一直收着，现在则是全家人在使用。三角形靠垫很适合给我刚满 6 个月大的儿子使用，能在他坐着时提供很好的支撑力，也可以全家一起使用，会让人很开心。

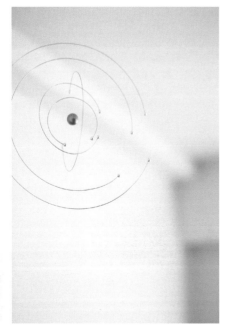

可用薄薄的盒子装着，只要有精装硬壳书的厚度就可以收纳。

可以装饰空间，不会占用地板或架子的活动吊饰

Flensted 的活动吊饰 / 在网络上购买

　　我很喜欢活动吊饰，会慢慢收集，也会自己制作。只要抬起头来，就可以远远地欣赏它，这比陈列生活用品更能为改造屋内气氛带来色彩。

　　活动吊饰那种轻飘飘、缓缓转动的样子有令人舒适的气氛，小宝宝的视线也会一直追着，感觉他很乐在其中。我心里也会因为忽然望见它随风摇曳的模样，或随着灯光投射出的影子而觉得很放松。

　　由于它吊挂在空中，不必摆在架子或地上，所以不会占用空间，不会妨碍我打扫也是它吸引我的地方。不拿出来装饰时我会收纳进小盒子里，不用担心要收到哪里也是我喜欢活动吊饰的原因。

收 在 壁 挂 式 置
物 架 里 的 物品
清 单

1 除尘刷
2 用来夹重要文件的夹子
3 老公的常用药物
4 纸胶带
5 用来装饰的钥匙圈
6 签字笔
7 用来装饰的钥匙圈
8 隔热拇指套
9 发圈
10 孩子的胶带
11 手电筒
12 大人剪刀
13 护唇膏

14 香草造型的笔和直尺
15 老公的钥匙圈里收着护唇膏
16 暂时收纳区
17 灯光的遥控器与育儿日记卡
18 卷尺
19 夹子和橡皮筋
20 儿童直尺
21 儿童剪刀
22 计算机和儿童笔记本
23 装在迷你托特包里的孩子的发圈
24 铅笔、原子笔、擦擦笔、美工刀
25 便利贴

装在这面墙上

我把它挂在离厨房跟客厅都很近，从走廊就能方便拿取的地方；这样不仅实用，还可以当成装饰品,让收纳充满艺术气息!

运用"目视管理"
收纳法的壁挂式置物架

Vitra 的 Uten Silo 置物架 / 在 hhstyle.com 购买

　　照片上传到 Instagram 后，我常被问到的问题就是关于这个壁挂式置物架。它现在还在销售，是有 45 年以上设计史的长寿商品。它不仅拥有漂亮的设计，也具有突出的收纳作用，恰恰符合我挑选物品的标准。

　　在工厂或办公室里，为了能很快地把共用的器具归位，我会采用一种名为"目视管理"、配合器具外形打造收纳场所的收纳法。我把这个概念运用在壁挂式置物架上。虽然大部分的东西都放在这里，但是只要大人跟小孩一看就知道它的作用，因此用完归位就成了我家的习惯。4 岁的女儿也会从这里拿出她要用的东西，然后再放回去。摆在家里正中央方便拿取的位置，正是它好用的诀窍之一。

不需要集水盘，外观也能保持清新。右边照片是种着榕猪苓的 IKEA 花盆，大小适合直接摆在地板上，左边的三盆大小则适合放在架子上。

管理起来很轻松的"自动给水"花盆

"自动给水"花盆 / 在 IKEA 购买（同款商品已绝版）

利其尔（Ritschel）的底面自动给水造景花盆 / 在网络搜寻后购买

这个盆只要偶尔往浇水孔倒水就好，同样可以降低照顾植物的难度，是近距离享受绿意生活的可贵物品。

家里有生意盎然的植物，受伤的心情就会得到疗愈，也可以借此获得活力。当然，将它当成布置的重点也很不错。尽管如此，每天浇水还是很辛苦的。我全天都在工作，为了有个清爽的生活，还是得动点心思，让家事变得不复杂也不用花时间，照顾植物也会尽可能想些单纯的方法。因此我选择底部可储水，能减少浇水次数的花盆。这样也无须担心浇过头造成根部腐烂，真的很轻松。

可以随处打造
滚动空间的地毯

Zollanvari 的 Gabbeh 地毯 / 在 kavir 购买

购买这个房子时，我们夫妻有共识地选择了没有和室的房子。屋内是木地板容易打扫，整理起来也不费事。尽管如此，因为家里有小孩，再加上我一直很喜欢可以在地板上滚来滚去的空间，所以我购买了由伊朗游牧民族制作的手织地毯——Gabbeh。草木染带来的柔和色彩非常适合北欧家具，材质软软的，躺在上面也很舒适！可以挪动"滚来滚去的空间"，感觉比和室更适合我家。

我会在必要时，将它铺在客厅旁的西式房间或电视前使用。因为地板没有多余的物品，所以移动起来也很简单。

抽屉在这里!

叠起坐垫，收到客厅旁的西式房间里是我固定的收拾方法。这样就能保持桌子周围的清爽，心情也会很舒畅。

抽屉里收着面纸、遥控器、孩子的吸管和软膏等，坐在桌子旁就有会用到的必备物品。

有抽屉的
矮桌

矮桌 / 在无印良品购买

　　这是我从租房子开始就在用的矮桌；与不过分强调桦木材质（现在换成橡木）的明亮色彩和 artek 等北欧家具很速配，我很喜欢就一直用到了现在。虽然是吃饭用的桌子，不过我会把它摆在沙发前，在上面放杯咖啡，或拿来当孩子画画用的书桌。桌脚贴了拉桌子也不会刮伤地板的防刮脚垫，所以移动起来也很轻松。能让人随意更换屋内摆设的家具真的很方便。

　　抽屉也是这张桌子令我满意的一个地方：里面放了桌子上的物品，不仅能减少站起坐下的次数，还能避免桌上总是堆满东西的情况。只要没有东西在桌子上，搬动时就很轻松。好习惯也会产生良性循环。

\ holon 的小巧思② /

用磁铁在必要的地方
进行吊挂收纳

在日本收快递时一定会用到的印章，就放在玄关大门的框橼上；吃营养品时要用的杯子，就挂在冰箱门前的排油烟机罩子上。如此一来，就不必浪费时间走来走去了。让这些事化为可能的，就是这小小的磁铁。珐琅制的杯子就直接吸住了；印章只要用纸胶带在盖子上贴个磁铁，就可以被牢牢吸住了。

Chapter 3

轻松做家务事
的选择

收进这里！

约 100 日元一个的容器

果酱的空罐

我会把起司粉跟鸡精粉等物品装到果酱空罐里，或装进大创买的玻璃保鲜盒里。这样不但能掌握剩余数量，而且容器形状统一也比较方便拿进拿出。

相同尺寸可以叠起来摆放，因此能节省空间。只要照着大小去摆，想拿哪一种出来就很顺手。

玻璃保鲜盒

iwaki 的保鲜盒 / 在网络搜寻后购买

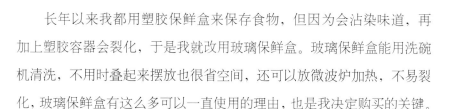

　　长年以来我都用塑胶保鲜盒来保存食物，但因为会沾染味道，再加上塑胶容器会裂化，于是我就改用玻璃保鲜盒。玻璃保鲜盒能用洗碗机清洗，不用时叠起来摆放也很省空间，还可以放微波炉加热，不易裂化，玻璃保鲜盒有这么多可以一直使用的理由，也是我决定购买的关键。

　　我的另一个备用容器是珐琅保鲜盒，并排摆放的样子很美，但是放进冰箱就无法从侧边看出里面的物体。不是要在盒子上标注说明，就是每次都要抽出来确认，我认为这样不是很理想。而且比起瓦斯，我更常用微波炉加热，这也是我不用珐琅材质而选择玻璃材质的原因，也是我用来代替料理盆的物品。

封口棒

Anylock 的滑动式封口棒 / 在住家附近的超市购买

因为它摆在超市结账柜台前,我才知道有这种封口棒。用它来密封吃到一半的点心、密封分装到罐子里之后还有剩余的咖啡粉,以及密封剩下的袋装柴鱼片都很方便,所以我很喜欢使用它。要查看剩余数量还要长时间保存,而且又得不停拿进拿出的食材,还是装在玻璃保鲜盒里比较方便,但一两次就能吃完的食物,留在原来的袋子比分装更不费工夫。只要把袋口对折,用封口棒固定好就能完全密封,也可以保持食材的鲜度。

我把它直立放在水槽上方吊柜的盒子里。因为不占空间,方便拿进拿出也是我持续使用它的原因。

洗好餐具之后，我习惯马上擦干它们，平常也会注意不让餐具堆在水槽周围。因为想要尽快擦干洗好餐具，所以我都选择吸水力强的抹布。再加上抹布是经常要清洗的东西，因此能快速晾干是必备的条件。如果只是稍微擦一下东西，我就会挂在排油烟机罩旁的 S 挂钩上。由于抹布没有花花绿绿的边缘，而且是纯白色的，所以看起来也很清爽。如果它开始变色，还可以尽情漂白，维持抹布干净的样子，这也是我喜欢白色抹布的原因。

我把全部的白色抹布收在吊柜里。因为是水槽上方的位置，所以不用走来走去，马上就能抽出来用。

外形漂亮又好用
还不伤锅 & 平底锅的料理夹

木制料理夹 / 在无印良品购买（目前已绝版）

将食材从平底锅夹出或放进热锅时，用料理夹感觉就比料理筷稳固，用起来也更安心。我喜欢翻炒食材也不会刮伤锅的木制产品。用来夹孩子要煮沸消毒的奶瓶很方便；在倒咖喱等调理包时，只要用这个料理夹就可以把包装里的食物都挤干净。因为是木制做的，所以吃火锅时摆在餐桌上也好看，我也很喜欢它暂时挂在排油烟机罩子上的模样。

我在下厨时，常会把料理夹挂在排油烟机罩子旁的 S 挂钩上。挂着不收也很赏心悦目的设计，则是它迷人的地方。

煮沸奶瓶时，我也会使用料理夹；从烤箱拿出热腾腾的面包，或是摆盘时都会用到它。

可以轻松配合需求
减少使用市售的酱汁瓶

可以轻松配合需求，减少使用市售的酱汁瓶

有刻度所以很方便！

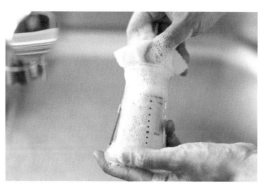

因为上面有刻度，所以我都直接把瓶装的油跟醋倒入，然后再加调味盐；盖上瓶盖再摇均匀，健康的自制酱料就完成了。

我不是很会下厨，也没在用市面上买的酱料。因为我不想摆太多库存，所以没得用时就会自己做。这是我在电视节目里学到的，固定会用到的简易调味配方。沙拉油跟醋一比一，再加入调味盐、胡椒以及提味用的白砂糖就可以了。盖上瓶盖就能摇均匀，只要用有刻度的酱汁瓶就不需要再用量匙，也用不到料理盆跟打蛋器，这是懒惰的我也能持久使用的好味道。

它跟高的酱汁瓶不同，用一般大小的海绵就能刚好刷洗到瓶内各角落，减少洗瓶子的时间，真的很轻松。

收在冰箱固定位置的
小包装调味料

特地在住家附近的超市寻找购买的小包装产品

我家的厨房没地方可以收食物，所以东西都是放在冰箱内保存的。想充分利用有限的空间，要注意的就是物品的大小。调味料选大包装的会放不进冰箱门架等固定位置，空间就会变得很难利用。因此我在买东西时会多留意，选择500毫升以下的宝特瓶尺寸。以结果而论，调味料都可以趁新鲜用完。顺带一提，就算一两天没得用我也不觉得困扰，没有库存，用完再买是最基本的做法。

矮瓶子的调味料都固定放在冰箱左上方的架子上，柑橘醋也会选小瓶的摆在这里；冰箱的门架上则用来摆高的瓶子。

形状统一又漂亮
还能单手取出的调味料盒

时尚调味盒 / 在 Seria 购买

考量到下厨时的效率，我会把设置在水槽旁流理台上取用的调味料，摆到上方的吊柜里。可以刚好收进这个地方，还能单手取出，用起来很方便的就是 100 日元（约人民币 6 元）的调味料盒。因为收在上方的吊柜里，所以有把手的会更好拿，拿下来时也不会移位；能用单手开盖，从侧边就看到剩余量也是我选择它的关键。我买东西只要用途合理，我也会积极运用 100 日元左右的商品。

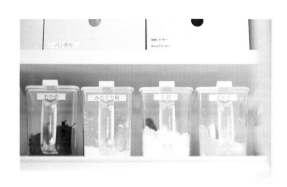

附有调味匙的料盒只要 100 日元（约人民币 6 元）！为了知道哪个盒子里装了什么，我会贴上标签。

方便确认剩余数量的
塑胶密封罐

FRESHLOK / 在网络搜寻后购买

这是面包粉和一般面粉，里头有个空罐是我为了预留空间摆在冰箱里的；需要自己做面包时我就会装入高筋面粉。

我是不会一次买足，而是分批添购食材的人，因此冰箱蔬果室会有一半左右的空间是用来代替食物柜的。听说粉状的东西保存在冰箱里比较好，所以我都会装罐收起来，尺寸统一拿进拿出也方便。粉是很重的东西，所以我很重视容器是否轻巧。再加上我会从上方俯瞰蔬果室，于是便挑选可以从上方确认内容物，还能大概掌握剩余数量的容器。这个密封罐的开口很大，除了可以轻松把袋装的粉倒入，还能把手伸进里面洗干净，用起来令人安心。

拿进拿出都方便的
珐琅保鲜盒

"野田珐琅"的附把手方形保鲜盒／在网络搜寻后购买

"味噌"的字样是我用标签机做的，如果改换储存物，再手写更换标签。

当储存物更换并逐渐减少时，利用在第57页中介绍的玻璃保鲜盒能从侧边确认剩余数量这点，让我觉得很方便。但如果是不常更换的食材，装在看不见内容物的容器里就会比较清爽美观。珐琅干净的感觉和不沾染味道的特性，是它迷人的地方。因此味噌和散装的茶叶，我就会装在珐琅保鲜盒里；有附把手的就放在高处也不怕会滑动，拿进拿出时也超乎想象的方便。

这是我拥有的所有餐具！
（不包括孩子用的）

这个用来代替饭碗！

×6个

×4个

这是面包的佐料碗！

×6个

×2个

×6个

×2个

×7个

×3个

×4个

×2个

×2个
（Arabia Tuokio）

×4个
Arabia Paratiisi，也有不同颜色

这是面包的佐料盘！

×7个

×4个

×2个
（北欧的复刻商品）

餐具三

餐具二

餐具一

这是我最常用的餐具，所以会放在无须弯腰，就能轻松拿出的抽屉里。直径 13.5 厘米的圆钵用途多多，因此就多备了一些。

不是每餐都会用到，但一天会用一次的餐具就收在下方的抽屉。虽然需要弯腰，但因为摆在正中央所以拿进拿出也很轻松。

这个抽屉装不经常用到的餐具。杯子和杯盘不分开收纳，这样要整套拿出来就很方便。

餐具一

洗碗机　　餐具二　　餐具三

耐用又简约
适合装各种
料理的餐具

iwaki、康宁、IKEA、无印良品的餐具 / 在二手商店
或各自的实体店铺购买

就算拥有许多餐具，但每天吃饭会用到的数量是固定的。而家具则会每天看到用到，所以我家会优先把预算挪到家具上，餐具就只拥有最低限度的数量，优点在于东西不多而且不需要额外的餐具柜。

我挑选餐具的标准是能用在微波炉和洗碗机，且不容易打破。颜色几乎都是白色的，还有很多是用来装面包的佐料的。目前来说，有这些就够用了。其实，我家连用来吃饭的饭碗都没有，是拿白色圆钵来当饭碗。装面包佐料的盘子，是我在二手商店购入的新品，是用法国的强化玻璃制成的，而其他的餐具也很简约耐用。或许会让人觉得有些乏味，但这些都是我很喜欢的，会一直使用的东西。

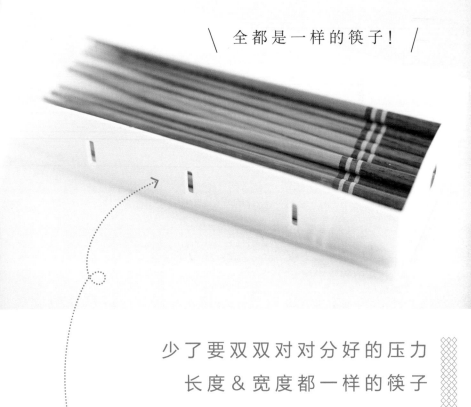

全都是一样的筷子！

少了要双双对对分好的压力
长度&宽度都一样的筷子

22.5 厘米的筷子五双入 / 在宜得利购买

筷子就收在水槽上方吊柜里的抽屉置物盒里。因为没跟其他的餐具摆在一起，所以不必看就能直接抽出来用。

先生爱又长又胖的，太太要又短又细的；或许很多人在家里都有各自的专用筷，可是每当准备餐点时，一直凑不齐要用的筷子就很着急。孩子长大之后，还得分四个人的筷子又更麻烦。我家用的木筷，连同备用筷在内总共有十双，所以分筷子时很轻松。由于我会用洗碗机洗，因此会买便宜的筷子，等全都旧了再更换。

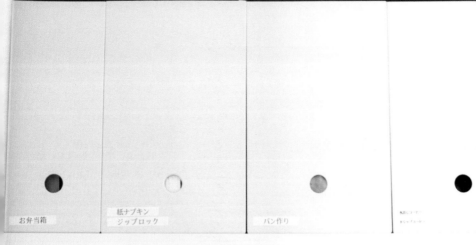

お弁当箱　　　紙ナプキン　　　パン作り
　　　　　　　ジップロック

重曹　　わかめ　　かたくり粉

可将零散物品依用途分门别类
看起来很清爽的文件收纳盒

PP 制文件收纳盒 / 在无印良品购买

吊柜里的文件收纳盒，是由两种宽度的盒子组合而成。分别放了①冲咖啡用的器具②做面包＆松饼的材料③餐巾纸和吸管、夹链密实袋等④便当盒与它的隔板等。

　　我也会将用来整理文件的文件收纳盒，运用在厨房的收纳上；位置就摆在吊柜的上层。东西直接放进吊柜之后，要找物品就得搬椅子踮脚才拿得到，因此只要放在收纳盒里，需要用时整盒抽出来就好了。坊间很少有可以放零散物品的抽屉置物盒，所以我是把一个收纳盒当一个抽屉盒来用。另外，我还会把它拿到玄关的置物柜里装拖鞋，真是用途广泛的收纳盒，很实用。

我 没 有 大 型 吸 尘 器

不管是桌子下或沙发上，只要单手就能轻松吸尘。充电快速，购买配件很方便，是我选择牧田吸尘器的原因。

除尘掸平时都
挂在这里！

如果看到有点可爱的打扫用具，拿出来摆着也没关系。除尘掸常用来掸除电视上令人在意的灰尘。孩子熟睡时，我会用不会制造噪音的扫把，也会用它扫除常会积在踢脚板上的灰尘。

看到在意的污垢
就能马上清理的打扫用具

牧田的 CL100DW 充电式吸尘器、mi woollies 的百分百天然羊毛除尘掸／在网络搜寻后购买

开关盖或窗框上的污垢，我会先拿清洁用的湿纸巾来擦掉（现在改用婴儿湿纸巾）。由于手边就有，所以随手擦比再拿抹布擦拭更轻松。

打扫时我会注意，把有污垢的地方清扫一遍，借由反复打扫让污垢无所遁形，所以我会选择可以应用于各种情况的打扫用具。基本上，我只靠一台无线吸尘器。可能是因为不必挪动东西就能打扫的关系，所以我只要充一次电就可以吸完所有的地方。至于架子、电视和时钟这些地方的灰尘，我会用毛茸茸的除尘掸来清理。只要经常打扫，后续只要随意掸几下就干净了。用完的除尘掸只要拿到外头拍打干净就好，所以保养起来也很轻松。

附有把手方便拎着走的
简约垃圾桶

有垃圾袋固定环的垃圾桶 / 在宜得利购入

因为用吸尘器吸地板时垃圾桶会挡到，所以我会利用把手将它挂在挂钩上。地上没有垃圾桶时，会有种清爽的感受。

我发现摆在客厅的垃圾桶，会意外地充满存在感。由于我想尽力降低它想向众人宣示"我是垃圾桶"的感觉，所以选择不强调设计的简约垃圾桶。但是每个房间都放，回收垃圾时也很麻烦，因此我都拎到要用的地方使用。垃圾桶有个把手真的会很方便，而且还可以挂在挂钩上。轻轻用水冲洗就很干净，而且 300 日元左右（约人民币 19 元）的低廉价格也是它迷人的地方。

踩起来总是很干爽舒适！

不需要清洗的
硅藻土脚踏垫

soil 的轻薄型浴室脚踏垫 / 在网络搜寻后购买（＊硅藻土＝矽藻土）

平时都会直立摆在洗衣机旁有缝隙的位置，偶尔会拿到阳台阴干，或摆在亮一点儿的地方看有没有污垢。

我对布制脚踏垫吸水后所呈现的潮湿感很没辙，所以才会选择清爽又快干的硅藻土脚踏垫。湿脚丫踩上去时水分会马上被吸收，接着脚底就恢复干爽的触感。硅藻土脚踏垫只要偶尔阴干就行了，无须清洗。和布制的不一样，它最大的优点就是不会卡灰尘。硅藻土含量百分百的脚踏垫，吸水力似乎更好，可是太重又容易裂开，所以时时都要检查才行。由于我家还有小孩，最后选择加了木浆的轻薄型。

照顾孩子会用到的
物品，都收在托特包里
(参考第 114 页)

孩子的
餐具摆在
厨房的开放
式置物架上

电线类的东西，
都收在客厅的壁柜里
(参阅第 126 页)

这是摆放工具的盒子,这种盒子只要"直立摆放",东西就能一目了然。我是奉行物尽其用主义的人,因此连纸箱都会拿来利用。

洗脸台镜子后方的扁平置物柜里,最适合放这种大小的盒子。它能在小东西多的洗脸台旁发挥它的作用。

从上方俯瞰
方便拿取的
分隔置物盒

含隔板的可叠式置物盒／在大创购买

　　我喜欢能在不同的房间且各种情况下,均可使用的东西。这个 100 日元(约人民币 6 元)的盒子,就是其中一项优秀的物品,我家到处都有它的身影。洗脸台的柜子、收工具的纸箱,或装有育儿用品的托特包等,我都会把这些小东西分类之后再拿来使用。只要将它们装进这个盒子里,东西就会"直立摆放",因此物品可以从上方俯瞰,不需要再用手翻开,就能直接把要用的东西取出,真的很方便。

　　孩子的用餐器具直立摆放也比较放心,而且也好拿。育儿用品与其他物品直接收到袋子或篮子里会变得很凌乱,这个分隔置物盒,不会使电线之类的东西缠在一起,变得很清爽。

\ 类似白色的物品会有一种干净的感觉 /

用来浸泡衣物、拿来当孩子洗澡用的浴盆，或是拿来收东西的多功能水桶

TUBTRUGS（L尺寸&浅型）/ 在网络搜寻后购买

平时我都把它放在洗衣机上面的固定位置，不用时可以叠起来放节省空间，是我喜欢这个水桶的原因。

这个是色彩缤纷、在欧美和日本市面上广受欢迎的塑胶水桶。我在 Instagram 上常看到许多人拿它来收玩具或是其他物品。我挑选的是可以融入各个地方的柔和白色（香草白）。大的尺寸用来代替洗衣篮使用，小的则会拿来浸泡衣物，当成洗衣服用的盆子。因为它的塑胶材质很柔软，具有弹性，摩擦到身体也不会痛，所以我也会拿它来当婴儿浴盆，帮我家的小宝宝洗澡。这水桶还可以用来泡脚，或者在阳台玩水时使用。

吸水力强又快干的
超细纤维毛巾

品牌不明 / 在网络搜寻后购买

我用市售的直立书架将毛巾格起，摆放在洗脸台的抽屉里。虽然购买时只挑选颜色鲜艳的，但我还是会以收起来就看不见的轻松方式来收纳。

家里每个人都有各自的大浴巾，每次用完我就想清洗它。如此一来，每天至少要洗三四条，因此我会把"快干"列入优先购买的条件。这款洗完之后很快就会干燥，不会变得湿答答，而且折起来体积很小又很轻，超细纤维毛巾的利用率很高。由于它干得很快，所以也不会为洗毛巾这件事带来压力。还有，可能是因为它不太会掉毛，所以也能减少洗脸台上易累积毛絮的问题。

非当季的衣物会集中
收在独立的衣物间

孩子的衣服则是
一起收在衣物间

外出时的玩具
会一起收在玄关

陈列的生活用品
(圣诞节的东西或展示盘)
则是集中收在储藏室

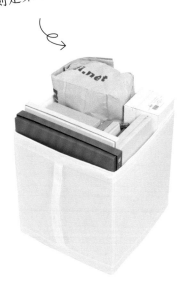

提把在侧边，所以就算东西摆在上层也很方便拉出，因此很省力。我都用它来收非当季的寝具或圣诞节的东西。

我会把孩子们的图画书，整理到客厅旁的西式房间壁橱里。书很重，所以我都直接摆在地上。由于储物斋很好拉动，所以拿进拿出也很轻松。

不用时可以折叠
体积不大的储物盒

SKUBB 储物盒 / 在 IKEA 购买

只要拉开底部拉链就能完全摆平，用不到时只要有一点儿隙缝的空间就能收纳。

　　没在用的储物盒，就是无用又占空间的长方形盒子，因为体积大丢掉也很麻烦，因此我会尽量少买无法摊平拆解的巨大塑胶整理箱。虽然我也会用一些好拆解的纸箱，但毕竟那是昆虫喜欢的材质，所以我实在不想把寝具、衣服和毛巾等布制品收进去。因此，我选购的是用一条拉链就能摊平的布面储物盒，箱子本身很轻巧，所以把东西收到高处特别方便。

\ 设计很简约！/

消除杂乱生活感的
晒衣杆固定头

nasta 的 AirHoop 晒衣杆固定头（晒衣杆是别的品牌）/ 在网络搜寻后购买

在日本，一般的晒衣杆固定头都是钉死在天花板上的，不过 AirHoop 的可以随用随装。

　　虽然我想在屋里晾晒洗好的衣物，可是这样会让屋内变得很乱，所以我不喜欢。在我发现能实现心愿的晒衣杆固定头之后，就和老公务力装了这个东西。固定头平时看起来一点儿都不醒目，可以等到要在屋里晾衣服时再将它装上去。上头的配件也设计得很简约，不会带来杂乱的感觉。就算是自己买的房子，我也希望能少在墙壁和天花板上凿一些洞。它方便又不会扰乱屋内的布置，非常值得拥有。

单手就能拿起！

替我消除使用衣夹
这个小压力的直立式晒衣架

KAWASE 的万用室内直立式晒衣架 / 在网络搜寻后购买

不用时收起来之后，体积小到可以摆
到洗衣机旁。还减少了打开方形晒衣架，
解开缠在一起的衣夹这项步骤的小压力。

过去我做家务都是直接从父母身上
学，现在则会参考大家在书上或杂志上分
享的点子。像袜子等要仔细清洗的衣物，
我只想到要用方形晒衣架晒干，但在得到
也可以挂在直立式晒衣架上晒干的启发
后，就马上实践了。事实上，这比用衣夹
夹住衣物更轻松。由于它能单手拿起，所
以下雨时可以马上拎到屋内的任何地方，
不用再找地方挂衣服是它最大的优点。

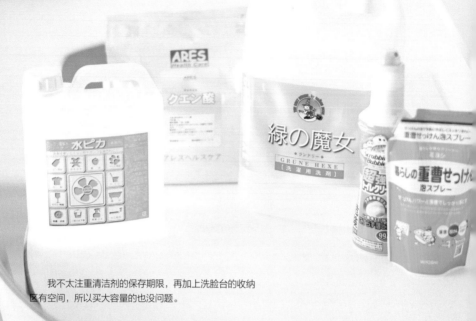

我不太注重清洁剂的保存期限，再加上洗脸台的收纳区有空间，所以买大容量的也没问题。

去除外包装后
再分装

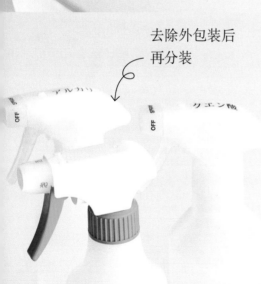

为了要看起来很清爽，我会拿掉花哨的外包装，以简单的模样来分装。

大容量的清洁剂不方便直接拿来使用，所以我都分装到小瓶子里。每个装入其他清洁剂的白色瓶子也都很有用处。

我把清洁用具集中放在厨房最里面的抽屉里。有电解水清洁剂、柠檬酸水、超细纤维抹布和刷子等。

绿魔女的洗碗机专用清洁剂不仅不会破坏环境，去污力也让我满意，所以我持续使用并分装在容器里。

· 电解水清洁剂

去油污很好用，主要拿来清洁厨房，比如炊具周围或排油烟机等。

· 柠檬酸

对抗水垢很够力，我会用在水槽周围，去除尿垢也很好用，因此我也常在马桶上喷几下。我买的是粉状的，溶解之后再装到喷枪瓶里。

· 绿魔女洗衣精

用来洗衣服，不破坏环境，又能彻底溶解污垢，这点我很满意。

· Scrubbing Bubbles超强效马桶清洁剂

用于马桶，只要每三天挤一次在马桶内缘，就不必拿马桶刷来刷洗了。

· 泡沫式小苏打肥皂

去油污很够力，去皮脂污垢也很厉害，因此用来清洁浴室。压一下喷嘴就会出泡泡，用起来很方便，是浴室专用。

在轻松做家务与环保之间
取得平衡的清洁剂

喜欢简单生活的我，选择清洁剂注重的可不只是轻松，也会看是否环保。因此我会在用后的满意度和价格，以及使用时是否轻松这几个方面做选择。基本上我都用电解水清洁剂跟柠檬酸，也会在浴室使用可以产生泡泡的小苏打肥皂，以及不需要马桶刷的强效马桶清洁剂等专用清洁用品。洗衣服的清洁剂则看价格与使用习惯，凡是洗完后会让我感到满意的产品都会持续使用。

不使用抽屉，家里四人的衣服几乎都是挂起来收纳。虽然不能让衣物数量增加，但一目了然，因此不会有不穿的衣服。

定量管理的
方形晒衣架

小型铝制方形晒衣架 / 在无印良品购买

虽然我不会用方形晒衣架晒洗好的袜子、内衣等小衣物，但它在我家的衣帽间里很实用。用直立式晒衣架晒干后的小衣物，我会收到衣帽间用衣夹夹着。比起折起来放进抽屉里，挂着对我来说更轻松。挂着一眼就能找到想用的东西，也能让孩子自己选择，还具有只能挂固定数量的定量管理这项好处。家里每个人都有一组，因此共有四组。

我会用长的S挂钩，把两个方形晒衣架上下串联在一起。因为它的宽度和一般的衣架相当，所以也很适合用在衣帽间。

最多只准备六个库存

减少更换时间的
卷筒卫生纸 & 面纸

ASKUL 的 180m 卷筒卫生纸 / 在 LOHACO 购买，TOPVALU 的面纸 / 在住家附近的超市购买

这款卷筒卫生纸没有卷轴，
因此不会产生多余的垃圾；面纸
我也喜欢近乎无瑕的简单包装。

　　我家的卷筒卫生纸，会挑选比一般长度还要长两到三倍的，这样能大幅减少更换次数，并减轻一些压力。库存只要准备够用的量，家里就会有充裕的收纳空间。面纸就算有盒子我也会再罩上外袋，于是就选择裸装款式，这样就少了拆掉塑胶膜跟压平纸盒的步骤。这其实是一件很乏味的事，但只要变换一下选择物品的观点，原本理所当然要花的工夫就能减少。我最爱这样慢慢改善生活的方式了。

L.L.Bean

L.L.Bean

L.L.Bean

TEMBEA

Masako

L.L.Bean

marimekko

marimekko

大的托特包里会装入其他的包包，一起收到衣帽间的柜子上层，而且用托特包也不必担心外形会跑掉。

暂时收纳从图书馆借的书，或用来代替杂志架。因为有提手所以很好拎着走，用来收拾玩具，保持环境整洁也很方便。

托特包和横条纹上衣加棉裤的轻便风格很速配，老公也会拎这种包包，所以我们用得很开心。

用途多多的
托特包

L.L.Bean、marimekko、TEMBEA 的托特包 / 各自在网络或实体店铺购买

　　我在可以穿轻便衣服通勤的公司上班，因此不需要拎所谓的"正式"包包，于是特别爱用托特包。我想应该有和我年纪相仿，但为了工作需要必须拎合乎身份的包包的人，但目前的我没有这个需求，所以我以自己喜欢的风格去选择后，托特包一转眼就变多了。

　　就算装了从图书馆借来大量沉重的书籍也依然耐用，而且还能给老公使用。它好保养，丢进水里哗啦哗啦冲洗就好，具有许多我喜欢的特性。这不只是包包，它有在收纳上令人着迷的地方，以及有摊平后不占空间的优点。让手边留下自己真正喜欢的包包吧。

让包包变得更好用，代替隔板的单眼相机内袋

ETSUMT 的 2 号加高款单眼相机内袋 / 在网络搜索后购买

因为托特包很多都是没有内袋或分隔置物的款式，所以直接把东西装进去，转眼间里面就会变得很杂乱。为了避免发生这种情况，我喜欢用为了让相机好携带而打造的随身产品——单眼相机内袋。这款内袋加入了吸震材质，也不容易撞坏其他东西，所以我也会直接把数码相机丢进去。就算放了宝特瓶、水壶或是化妆包，也会固定得直挺挺的，而且还很好拿取，所以我很喜欢。由于它能自由调整袋子里的空间，比起有小袋子的内袋更适合我。

我会在单眼相机内袋里放尿布和装小毛巾的化妆包、挂了钥匙的卡套、钱包、数码相机和水壶。

可以进行吊挂收纳
不会明显产生洞口的挂钩

石膏板专用挂钩 / 在 Seria 购买

我会配合要吊挂的物品去确认最大的承重量，因为常用到，所以都会准备好几个。

为我实现"不把东西放地上就会很清爽"这个可能的，就是小小的挂钩。虽然是自己买的房子，但还是会希望不要四处凿出很大的洞口，所以我用的是拿掉也不会留下明显洞口的石膏板专用挂钩。当我打扫卫生到一半、想放下吸尘器的时候，就可以用它来吊挂，也能让我在卧室挂上代替闹钟的手机，想要布置墙面的时候能派上用场。它是我家必不可少，且可以轻易替我实现"想挂东西在这里"的愿望的物品。

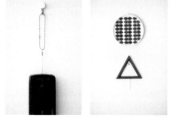

挂钩不只有拿来挂吸尘器和手机等使用功能，还可以用来陈列我喜欢的展示品。

专栏 1

"现在不需拥有"
的选择清单

如果是因为想要，或觉得有需要就购买，一转眼东西就会变多。为了维持简单＋清爽的生活，我会花心思在选择"不需拥有"的物品上。

现今的网络购物真的很方便，大多数的物品在购买之后隔天，或者再隔一天就会送到家，所以感觉可以不必囤货。如果最后还是需要，但是目前用不到的东西，我会选择先不买。买东西这件事真的有点难度，要买的这件东西可能到最后根本用不到，但最起码在用不到的时候，不要堆在家里造成麻烦。

我不像极简主义者那样，过着克己的生活。只要认为物品是我们生活时必须用到的，我就会购买。因此为了在必要时可以马上买到，做功课是一定要有的。我会把看上的东西加进网络商店的下次再买清单里，然后偶尔回去看看；笑着眺望那份清单的时候是很快乐的。就算有小孩在也没问题，那就像在逛街进行橱窗购物一样，为我选择非必需品带来很大的帮助。

餐具柜

　　没有专门用来收纳的家具柜，只利用屋子附设的收纳空间来生活，是我家保持清爽的原因之一。只要准备少数真正会用到的好用餐具，再直接收进厨房的抽屉里，也不需要另外添购餐具柜。

厨房脚踏垫

　　厨房脚踏垫可以保护地板不被水或热油侵袭，可是清洗脚踏垫这件事很麻烦，而且它还是会变脏的东西，因此铺在地上会有不是很清爽的感觉，所以我就不用了。要是水溅到地板上就马上擦干，要炸东西时就在地上铺报纸。

卡式瓦斯炉

　　由于我不擅长下厨，所以家里冬天常会吃火锅。不过，我会将食物在厨房的炉具上煮到可以吃的状态，因此就不会用到在桌面上用的炉具，放个隔热垫，食物就直接端上桌了。目前在思考是否要买个电烤盘。

电子锅

　　电子锅这东西，无论如何都会摆在显眼的地方，再加上它只有煮饭这项功能，因此我选择不用。我都是用压力锅来煮饭，而且也不用保温。由于用压力锅煮饭不费时，所以到目前为止都还是这样用。

马克杯

有客人来就端出咖啡杯＆杯盘组，自家人就改用马克杯；或许很多人的家里都是这样区分要用的杯子的。但既然买了喜欢的北欧餐具，平常我也会拿咖啡杯＆杯盘组来使用，因此就用不到马克杯。

餐具沥水篮

由于我洗完餐具就会马上擦干，所以用不到餐具沥水篮。洗好之后我会先摆在水槽旁，等水少一点儿再来擦干。最后再把湿答答的地方连同柜面都擦过一遍，这样整理工作就算完成了。

婴儿浴盆

在日本，小宝宝出生满一个月，就可以泡在浴缸里洗澡了，因此婴儿浴盆的使用时效真的很短。只要利用洗脸柜的水槽，加上我原有的浅型水桶撑过这段时间，就没有必要买婴儿浴盆了。

水果篮

由于家里不是时常会有水果，所以我不会特地为了水果买个篮子或盒子，而是拿来摆水果；因为我已经养成东西尽量改用原本就有的物品来代替的习惯。

餐桌

我家的餐桌就是矮桌。由于孩子们都还小，我们夫妻俩也觉得这样吃饭比较轻松，所以就不买餐桌了。像我娘家的餐桌都变成堆东西的地方了，所以我觉得只能配合自己的生活方式就可以。

电视柜

电视固定在墙上，所以我选择不买电视柜。这样家里看起来会很清爽，打扫时也可以确保清理干净。我是参照第101页的方法来做录影和播放影片的，因此也无须购买DVD播放器等物品。

马桶刷

只要有强效马桶清洁剂，马桶就不会脏到需要刷洗，因此我也没有购买马桶刷。少了马桶刷，打扫角落也很轻松，而且再也不会装作没看到那里积了灰尘。

卫生纸架

我家也没有用来放备用卷筒卫生纸的卫生纸架；这对我而言很自然，直到有人说我才会注意到。可能是因为我选择的卫生纸不需要经常更换，用起来也没问题，这不仅方便打扫，也很卫生。

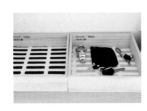

holon 的小巧思 ③

不在家里用的东西，就移往
玄关的固定位置

　　玄关置物柜上摆了一个木托盘。外出时有需要拿，却不会在家里用到的东西，回家后就会摆在这里，像是钥匙、手表或员工证等。只要贴上该放在这里的物品标签，就不会忘记拿出来，出门时也不会忘了带。托盘是在大创买的木盒，底部的贴布是稍微改造而成的。

Chapter 4

数码用品 & 家电的选择

电视下方很清爽！

安装方法

step1

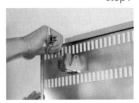

先确认高度和水平，接着在要安装的位置做记号，然后利用日本的强力订书机将壁挂架固定在墙上。

step2

在电视后方的壁挂孔锁入固定锁头，再装上要挂在墙上的固定支架。两人一起抬起电视后，扣到墙面的壁挂架上。

多亏市面上出现了能用订书针就将电视固定在墙上的"壁美人"强力订书机，让我不必请安装人员过来就能把电视装在墙上了。

※ 根据安装的实际情况，请参考各电视与壁挂架的说明。（译者注：作者的电视是安装在一般石膏板上，不适合装在一般墙面和硬质石膏板上。）

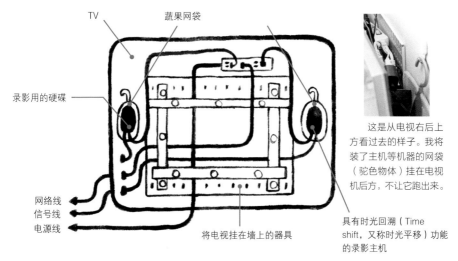

TV
蔬果网袋
录影用的硬碟

这是从电视右后上方看过去的样子。我将装了主机等机器的网袋（驼色物体）挂在电视机后方，不让它跑出来。

网络线
信号线
电源线

将电视挂在墙上的器具

具有时光回溯（Time shift，又称时光平移）功能的录影主机

上图是装在墙上，电视后方的线路示意图。先装上把电视固定在墙上的"壁美人"，接着在两旁不会跑出电视外的地方，设置了具有时光回溯功能的录影主机和录影用的硬碟。各自的电源线，都插在像是隐藏在电视机背后的延长线上。主机和可以录制大容量影片的硬碟都是用蔬果网袋装起来的，用挂钩吊挂着。

能让电视周围保持清爽的
薄型电视与电视壁挂架

东芝的 REGZA Z7 系列薄型电视、TV 帮手"壁美人"的电视壁挂架 / 在网络搜寻后购买

搬到新家后购买的薄型电视，是电视制造商和北欧设计师雅各·詹森（Jacob Jensen）合作的商品；我喜欢它简单又冶炼的设计。为了展现这难能可贵的设计，我试着把电视装在墙上。

在之前的家里，电视通常是摆在电视柜上，但有过大地震时剧烈摇晃的恐怖体验后，我就想把电视固定在墙上。

我使用的是以强力订书机搭配专用订书针就能固定的电视壁挂架。由于它能装在石膏板上，所以靠我们夫妻俩合作就能完成。虽然是以订书针固定的，但还是得在墙上钉上一堆针，因此装完也无法轻易拆除。不过它带来的清爽感受与方便打扫是最大的优点。满意自己想到的这个主意！

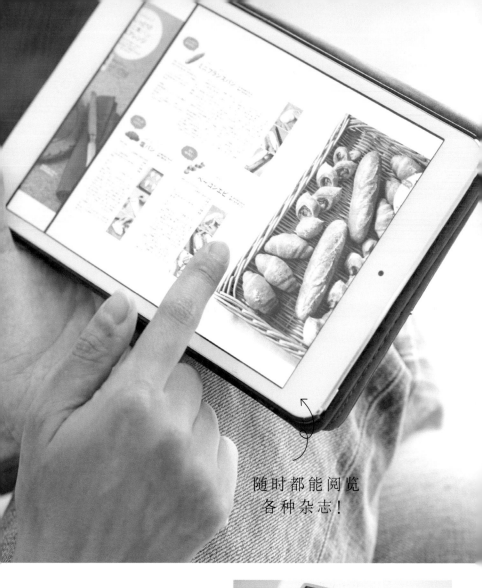

随时都能阅览
各种杂志！

我会积极利用图书馆
来借阅书籍，尽管要花时
间等待，但是想阅览的书
几乎都能读到，所以图书
馆就是我家的书柜。

《德式简单生活整理术》
这是让我一再回味的入门指南，我在这本书中学会了整理的基础。

《从玄关开始的整理生活》
我买的是电子书，它让我注意到打扫玄关的重要性；里头有太多令我惊叹的地方，我看了好多遍。

《学多仁亚打造德式居家》
书里的布置照片实在太有疗愈感了，里头满满的生活巧思还能成为我的参考。

&Premium（Magazine House）
这本是我喜欢的杂志，因为介绍了石黑智子小姐的住宅，所以我才购买的。

croissant（Magazine House）
杂志中介绍了简单生活的巨匠——多明妮克·洛罗小姐（Dominique Loreau）的住宅。

杂志与书籍
尽收手里的平板电脑

我很爱看书和杂志，由于我特别爱读和生活有关的书籍，因此会大量阅读。可是，把这些书都买回家，就算有再大的书柜都不够摆。把书和杂志当成"物品"并决定不要拥有，生活顿时就会很清爽。

将不拥有它们的这件事化为可能的，就是平板电脑。杂志，我是使用d杂志的服务，虽然杂志的阅读数量和价格随时会改，但目前月付400日元（不含税）（约人民币25元）就可以无限阅览160种以上的杂志（2016年4月）；不仅能从杂志中挑出想看的文章，而且可以挑选文章类型。在浏览生活与生活用品的分类时，我也会载入平时不会买的杂志文章，这种新的邂逅也很有意思。

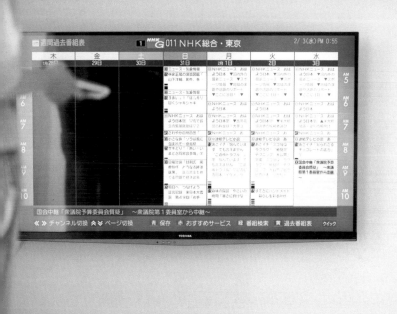

配合作息时间
不放过任何节目的录影系统

东芝搭载时光回溯功能的 REGZA Server 录影主机 / 和电视一起购买

　　七点的新闻是从七点开始，要是想看的话，就要配合电视的时间表调整自己的作息时间。可是，如果回家后要一边照顾孩子一边下厨，真的很难照着节目时间表坐在电视机前。

　　可以在七点半看七点的新闻，可以让哭闹不停的孩子看早上播出的歌唱节目。不同于需要事前预约录影的机器，时光回溯功能可以替我自动录下指定频道的全天节目，让我能在想看的时候观赏到我要看的节目。这真是一台划时代的机器，可以随着自己喜欢的时间播放节目，所以再也不必被时间绑死了。

＊搭载时光回溯功能的录影主机，只要连接电视和信号线就能使用，但我家为了增加录影容量，又另外加了一个硬碟。

减少 DVD 光碟或播放机的
多媒体影音服务

平板电脑等机器使用亚马逊黄金影音（Amazon Prime Video）服务、Anker 的平板电脑专用架／在网络搜寻后购买

平板电脑里有给孩子观赏的电视节目。在桌子上观看时，有平板电脑专用架会比较稳固，也比较方便。

我家的电视周围没有 DVD 播放机，如果有想看的影片，我就会接上 PS3。但因为家里还具有时光回溯功能的录影主机，光是多媒体影音服务就足够用了。我使用的是亚马逊的黄金影音服务，只要成为黄金会员，就可以观看各种影片。既不必买 DVD 光碟，也可以省掉上出租店的时间。灵活运用数码家电＆服务，它们就能成为简单生活的好伙伴。

时间不会跑掉
无须调整的无线电时钟

精工的无线电时钟 / 在网络搜寻后购买

有些时钟的时间会越跑越慢，等到发现就要从墙上拿下来调整。这是乏味又意外麻烦的工作，而且几分钟的差异也可能会对生活造成困扰。因此，我喜欢用无线电时钟，它具有接收无线电波后自动调整时间的功能，所以我不必自己调整时钟。这个数字大，也能让孩子对时间敏感且一目了然的挂钟，简约又不太像装饰品，加上红色秒针具有时尚感，所以连同设计在内都让我很满意。

挂在客厅的时钟无法从厨房看到，为了能在下厨时掌握时间，我也摆了一个小时钟在吧台上。

不需要好几台的
无线电风扇

BALMUDA 的 GreenFan 电风扇（电池与充电座得另外买）／ 在网络搜寻后购买

夏天，就算把冷气温度调高也觉得很凉爽，是因为我还有电风扇。避免长时间吹电风扇让身体不舒服，因此我选择了可以吹送自然风的机型。让我决定购买的关键，就是它使用时不需要电源线。电线会妨碍到屋内的布置，也容易积灰尘，因此我尽可能选择无线家电。这样既不必拔插电源，还可以随意在屋内挪动。孩子小的时候，一台电风扇就够用了。

这台电风扇是放在充电座上就会开始充电的机型，由于没必要弯腰插电，所以使用起来很方便。

没有电线看起来就很开心

没有电源线
外观清爽的喇叭

创新未来（CREATIVE）的 D100 蓝牙无线喇叭 / 在网络搜寻后购买

没有电线的好处就是可以轻松带到任何地方。不管是别的房间还是户外，都能单手抱了就走。

　　我选择家电产品的标准之一，就是不必插电。因为这样才可以在任何地方使用，说不定还能在停电时派上用场。用来听音乐的喇叭也是无线的，装的是可以反复使用的充电电池。我会把它摆在沙发旁的固定位置上，这里是陈列生活用品的地方，因为看到电线会很扫兴，所以有了它就很清爽！加上它是以智能型手机通过蓝牙方式播放广播和音乐的，所以也不必买 CD，这让我的生活越来越简单。

可以连接Wi-Fi
轻松整理照片档案的数码相机

SONY 的 Cyber-shot DSC-RX100M2 数码相机 / 在网络搜寻后购买

数码相机摆在客、餐厅小壁柜的电话旁。里头拉了条延长的电线，所以可以在这里充电。

之所以会在 Instagram 上传家里的照片，是为了记录收拾过后的感受，以及让自己保有打扫动力的关键。照片还是要拍得漂亮才会开心，所以我不用手机拍，而是用数码相机来拍照。因此我选择的，是具有 Wi-Fi 连线功能的相机。用 Wi-Fi 就可以把照片传送到智能型手机里，更不必拿出记录卡，上传 Instagram 也很顺手，因此才能轻松愉快地持续下去。

我几乎都是网上购物。虽然也会在实体店铺里看东西，但不会冲动购买，而是在家里想很久才决定买。如果有想要的物品，我会放进购物车中。因为用平板电脑就能确认，所以要是过了一段时间还是想买，我就会比较类似的商品，想清楚之后再购买。另外，很重或体积大的日用品，我也会在网站上采买。固定购买的物品网页我会加入"我的最爱"，因此马上就能下单，花费的时间也很短。

避免让我冲动购物的
线上购物

个人常使用的日本线上购物网站清单

· 亚马逊 www.amazon.co.jp

发货迅速、价格便宜，有着丰富又多样的商品，而且咨询服务好。一旦成为黄金会员，连快速到货也免运费。通过定期配送服务，可不必每次下单，而且还有折扣。

· LOHACO lohaco.jp

这里的日常用品和消耗品种类齐全，最快当天就能送到，价格也很便宜。

· scope www.scope.ne.jp

网站介绍了许多我所憧憬的北欧设计商品，官网照片很美，充满魅力又养眼。

· STYLE STORE stylestore.jp

其他地方看不到的设计商品，从时尚配件到食品，种类广是它的魅力之处。

· 北欧生活用品店 hokuohkurashi.com

有像是在看杂志文章的感觉，尽管选择的商品都很生活，但都是很可爱的东西；我也很喜欢这里的原创商品。

因为我家没有买车，所以尿布、瓶装水之类的重物全都是上网购买；线上购物的体验感对有小孩的家庭而言，非常方便。

虽然我买东西时都会想很久，尽量避免让物品增加，但是东西还是会慢慢变多。我大概会三个月一次，将不穿的衣服通过拍卖网站在网络上卖掉。把东西设定为同一时间寄送，并尽可能在最短时间内结束作业手续是我的方式。再者，只要把这些东西想成是去别人家"旅行"，感觉就比较愉快，家里也会变干净。网络拍卖是一石二鸟的服务，我很喜欢。

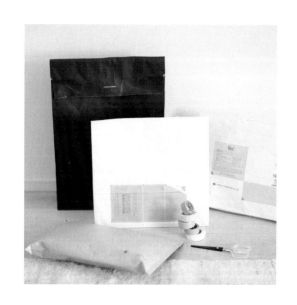

比丢东西感觉更好的
网络拍卖

透过 YAHOO！拍卖

刊登交易物品的流程

step 1　拍下拍卖物品的照片
　　我大多在周末夜里，孩子们入睡后才拍照；会利用白色背景，将衣服挂起来拍照。
↓
step 2　刊登在卖场上
　　我会在周末夜里一次刊登；将结标时间都设为同一天的同一个时刻，一次结束就很轻松，因此我会设定常有人下标的晚间时段。找不到买家，要一再重复刊登会很麻烦，所以我都把一定卖得出去的底标价格设为起标价。
↓
step 3　迅速回复问题
　　我用的拍卖软件是YAHOO的APP，所以有人发问就会收到通知。只要有空，我随时都会用手机回复。
↓
step 4　统一一次包装货物
　　为了不要每次都得再拿出胶带和美工刀来包装用品，我会一次包装所有货物，寄件时也是请快递员统一收件。

只要把买东西时用来寄送物品的袋子和箱子统一收在托特包里，包装货物时就很轻松。

专栏 2

只要挪动摆设，
东西就不会变多

基本版

挪动摆设在我家是常见的事情，也没有特别的契机，就只是从"要不要移动沙发看看"的想法开始的。移动的不是衣柜这种沉甸甸的收纳家具，再加上地板上也没有堆很多东西，因此执行起来很轻松。就算是一样的家具，只要换个位置感觉就会截然不同，不仅能换个心情，而且还很愉快。如果生活一成不变，就会产生想买东西来雀跃一下的想法。多亏经常挪动摆设物品，我发现自己不太会有买东西的冲动。一旦挪动摆设就会进行打扫卫生的工作，可算一石二鸟。

稍微挪动摆设①

因为半圆桌很轻，所以我经常搬动它。挪到窗边，营造外头有阳光洒落，有种待在咖啡馆的感觉。

沙发背对窗户摆放，半圆桌则是移到墙边，
每天的动线也就不一样了，
因此会有一种新生活开始的新鲜感受。

改造版

沙发旋转90度！

半圆桌靠墙摆放！

稍微挪动摆设②

把矮桌搬到电视附近，就像坐在矮
餐桌前看电视一样。只要稍微更换餐桌
的位置，就会变得很新鲜。

稍微挪动摆设③

我也会把椅子靠墙边放好，和矮桌
放在一起时，就可以欣赏到平时不常见
的设计美感。

在暂时收纳区
晾干后再收起

　　我家是半开放式的厨房，水槽后方并没有墙壁，是挖空的。如此一来，就没有吊挂海绵的地方，这让我很伤脑筋。后来我想到在吊柜下面的照明灯旁装个简易挂钩，当成要晾干东西时的暂时收纳区。因为从客厅望过来都会看到，所以我不会每天都挂着，只要干了就收起来，这样问题就解决了。

Chapter 5

简单育儿的
选择

为了让孩子学会收拾东西
而设置的木质挂钩

能装在墙上的家具·挂钩／无印良品

挂钩是避免让东西丢在地上，一个值得让人感激的物品，它在我家发挥了巨大的作用。如前文所述，我也很爱用 100 日元（约人民币 6 元）的挂钩；不过拿来挂孩子包包的，我选择的是承重约 2 公斤的木质挂钩。我希望女儿从幼儿园回家后，能自己把包包挂起来，因此在玄关墙上装了一个木质挂钩。四岁的她如今会自然而然地这么做，这让我很开心。选择方便孩子使用的大尺寸挂钩，或许就是她学会这样做的开始。

客厅旁的西式房间墙壁上也有一个同样的挂钩，它是用来挂没有一起收进壁柜里、暂时吊着的衣服。

可以专心坐着吃饭的
木质儿童椅

kicori 的小椅子 / 在网络搜寻后购买

只能用短短一段时间的物品，我一定会想是不是有其他东西能代替。但我听说，要用座椅让小孩以双脚踩地的姿势用餐，他才能在吃饭时好好咀嚼，所以我才决定购买儿童椅。因为每天都会用到就等于要一直摆着，于是我选择和家里的北欧家具感觉相似的木质品。当四岁的女儿快坐不下时，之后预计要给儿子使用。它似乎也能让孩子在厨房当小帮手时拿来垫脚用，因此使用寿命比我想的还要久。

它的外形不花哨，能很轻易融入家中的布置，即使椅背有镂空的"笑脸"，也充满童趣。我就是被这样的均衡感所吸引。

能藏到沙发
底下！

这是可以轻易推到沙发
底下收起来的托特包，很方
便的尺寸。尽管是柔软的布
面材质，但能维持外形也是
托特包的魅力。

我拥有的另一只同款托
特包是拿来装玩具的。女儿
的玩具会另外收拾，儿子的
则统一收在这里，放在另一
只包包旁边。

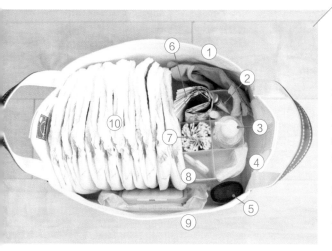

从这只托特包的上方俯瞰，育儿用品就能像这样一览无遗。只要有它，照顾儿子就万无一失。

这个是一按就开盖的湿纸巾专用盒盖，是我看 Instagram 才知道的好东西。

装着所有东西的育儿用品袋

TEMBEA 的小型书本托特包 / 在实体店铺或网络购买

我最喜欢的托特包里，特别好用的就是针对放书而设计的 TEMBEA 书本托特包（帆布书袋），我会把照顾小宝宝的育儿用品跟玩具统一收进这里。由于是以提着书走动为前提制作的包包，所以很耐用。它设计成可以像双手搬货那样来搬动，因此有一对不占空间的把手，方便把东西拿进拿出。虽然我在里头装了孩子的尿布、湿纸巾、棉花棒等各种物品，但能从上方俯瞰，一览无遗也是它令人开心之处。

篮子或箱子也是一样的用法，但因为家里有小孩，撞到也不会痛的布制品还是比较让人放心。不用的时候还能摆平缩小体积，因此很方便。之后预计要给自己使用，所以我也很期待用它。

由于幼儿园跟图书馆就
有很多玩具，因此我觉得家
里，应该尽量减少购买玩具
的数量。

基本上这些东西，
我都收在西式房间的衣
物间右侧壁柜的玩具
区，只有常用又喜欢的
物品我才会放在儿欧柜
子里。我也会利用抽屉
置物盒，贴上这是扮家
家玩具之类的标签，有
系统地整理物品。

可以叠起收在柜子里
的，是我在大创购买的木盒，
里头装有笔记本和贴纸之类
的小玩意。

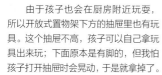

由于孩子也会在厨房附近玩耍，所以开放式置物架下方的抽屉里也有玩具。这个抽屉不高，孩子可以自己拿玩具出来玩；下面原本是有脚的，但我怕孩子打开抽屉时会晃动，于是就拿掉了。

可以使用很久
不是孩子专用的收纳家具

在贩卖北欧复刻家具的网络店家看到后购买

购买北欧复刻家具
时常会逛的
网络商店

· haluta
www.e-traffic.co.jp
· 北欧家具talo
www.talo.tv
· salut
www.salut-store.com
· re-kagu
www.re-kagu.com
· artract
http://www.rakuten.co.jp/artract

与客厅共存的西式房间里有个小小的复刻版北欧柜子，我把它拿来当孩子的玩具柜。和选择其他物品也一样，我会挑未来也能使用的东西，因此不打算只买给孩子使用，仅仅为了收玩具。玩具大多是五颜六色的，还有令人印象深刻的人物外形，所以我认为家具用这种散发稳重气息的款式刚刚好，于是就腾出原有的家具，买来给孩子摆玩具了。

和简约风设计很速配
能轻松陈列的女儿节人偶

三浦木地的双层女儿节人偶组 / 在网络搜寻后购买

它的体积小到用宽度约40厘米的盒子就能收纳，所以收起来也不占空间。由于它会收起来放很久，因此体积小这点很重要。

我希望能参与节庆活动，可是我住的地方不允许，所以我也很重视风格是否适合。为了女儿选择的女儿节人偶，是跟北欧家具这种简约设计风很速配的木质品；远望木头做的东西，内心就很祥和。由于拿进拿出都方便，摆在我家的上墙式层架这个陈列区也只占用小小的一个角落，因此可以一直用来展示。至于复古又花哨的女儿节人偶，幼儿园里的就足以让人玩得很开心了。

感觉可以陈列很久
充满存在感的头盔摆设

奈良一刀雕的头盔和全副盔甲摆设 / 在百货公司购买

打开盒子的时候，都能感受到工匠对作品的用心。无论是头盔还是全副盔甲，都能收进桐木箱里，保管起来既方便又让人放心。

　　我替儿子选择的节庆摆饰也是木头做的，由于我妈妈以前就很想要奈良的一刀雕人偶，加上我也很感兴趣，因此就替儿子买了这个。尽管迷你，却很有存在感，给人留下强烈的印象。它和北欧层架也很速配，相当适合我家。用来当头盔展示台的桐木箱是它的收纳箱，做得简简单单的，拿进拿出也很轻松。就算孩子大了，也能拿出来展示。我是确认它摆在层架上的尺寸后，才购买的。

不需要 A 型婴儿车的
抱婴袋

Babybjörn 的 Baby Carrier One + 黑色透气款 / 在网络搜寻后购买

直接放着会有一种杂乱的感觉，因此我都把抱婴袋收进挂在门把上的布袋子里面。

出生满一个月就能坐 A 型婴儿车了，尽管稳固，但它重不好搬动，再加上满七个月后就可以用 B 型婴儿车了。我家附近有很多楼梯和斜坡，于是我判断买 A 型婴儿车不太实用，因此我选择不拥有它。取而代之的是固定在脖子，像配件那样挂在前方使用的抱婴袋（婴儿背带）。它能前抱也能后背，因为很贴身所以很方便抱小宝宝，就算没买 A 型婴儿车也没问题。

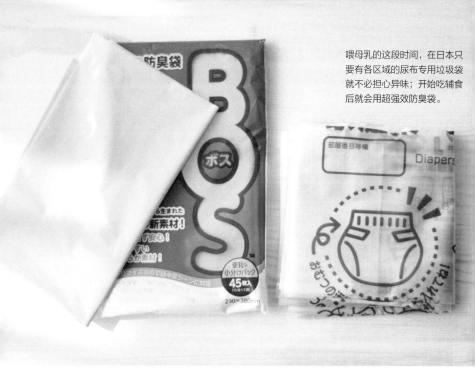

喂母乳的这段时间，在日本只要有各区域的尿布专用垃圾袋就不必担心异味；开始吃辅食后就会用超强效防臭袋。

代替尿布专用垃圾桶
阻绝异味的防臭袋

BOS 的防臭袋 / 在网络搜寻后购买

有孩子之后，购物袋就会变得很方便。防臭袋只要卷成条状用纸胶带粘住，就能缩小体积收进化妆包里，或放进购物袋。

有第一个孩子时，我是用异味不外漏的垃圾桶。原本打算孩子不用尿布后，它就能当一般垃圾桶使用，但垃圾桶本身沾染了味道，最后还是被我丢掉了，改用垃圾袋撑过这段时间。我用的是令人惊艳的 BOS 防臭袋，更时常拿到垃圾集中区丢掉。这里有整天都能倒垃圾的便利，是我不让东西变多的好选择。因为袋子很薄不占空间，只要外出时带着，就算不丢垃圾也不会有压力。

从到店里试穿的麻烦事中
解脱的选鞋方式

利用亚马逊的服务

带小孩到店里试穿鞋子是相当辛苦的一件事，毕竟现在还有小儿子，女儿也不见得会乖乖试穿。其他的东西就算了，鞋子我还是想让她试穿过再买，于是我开始利用可退货免运费的线上购物服务。我会订购几双她喜欢但大小不同的鞋子，然后留下最适合的尺寸，剩下的退货。这样就能让孩子慢慢试穿，不会挑错尺寸。比起在人多又狭窄的地方让孩子试穿鞋子，我选择这种可以从容选鞋的方式。

在家试穿就很麻烦了，到店里试穿更麻烦，因此我会积极使用这令人感激的服务（我家是穿上裤子才试穿）。

能和夫妻或家人
共享照片＆行事历的行动应用程式

我用的照片共享 APP 是 nicori，行事历共享 APP 是 URECY

不只是自己和孩子的，我也想知道老公的行程。以前我是在客厅放一个夫妻共用的月历来记录双方的行程，可是看不出对方去了哪里也很伤脑筋，于是我采用了能够共享所有人行事历的 APP。在各自的手机里就可以随时随地编辑，还能确认行程，相当方便。另外，可以和双方父母分享孩子们照片的 APP 也帮了我很大的忙。这也让我真实体会到，积极运用数码产品可以让生活变简单。

上：我请父母装了同样的 APP，因此大家都有一样的照片。下：各自的行程一目了然。

专栏 3

收纳的基本就是要能
"马上找到"跟"方便拿取"

吊柜

抽屉置物盒

流理台下方

抽屉置物盒

开放式置物架上的抽屉置物盒是放在从客厅望去就能看到的位置,因此我在抽屉的表面贴了块布。里头也有意大利面、勾芡粉类和零食等库存食品。

我的收纳规矩,就是必须能马上知道要用的东西在哪里,用较少的时间拿出来再收回去是最基本的。如果物品太多,拿进拿出都不方便,所以我不会把东西塞得满满当当。只要在箱子或抽屉处贴上标签,不必多想就能直接拿出来,因此用起来也会很顺手。

吊柜

水槽上方的吊柜，我会用文件收纳盒来整理。像是常会用到的从上方拿出来就忘记收起来的调味料和厨房用具，我就放在方便收回去的吊柜下层。

1 烤盘纸等物品
2 做点心的器具＆罐头
3 厨房抹布＆科技海绵
4 香料
5 附盖的珐琅烤盘

6 便当盒等
7 餐巾纸＆夹缝密实袋等
8 面包＆松饼的材料
9 冲咖啡用的器具
10 面纸

11 砂糖、盐、太白粉等
12 木盘
13 不常用的水壶
14 可可粉、红茶之类
15 免洗筷、吸管、封口棒等

16 筷子、用餐器具、夹子、削皮刀等
17 料理夹、料理筷、饭勺、汤勺等

流理台下方

抽屉里的东西是用立起来、不叠放在一起的方式收纳的。只要这样，拿东西时就不必挪开其他物品；有充裕的收纳空间才会方便拿进拿出。

1 面包机
2 煮水壶、水壶、洗碗机清洁剂等
3 洗过之后摊平的牛奶盒
4 磨泥器、可勾挂滤网等
5 料理盆、砧板
6 菜刀

1 压力锅
2 单柄锅
3 能卸除手把的煎蛋锅
4 能卸除手把的炒锅
5 平底锅
6 锅垫
7 面纸
8 麻油、橄榄油、沙拉油等油品

客厅壁柜
就在这里

购物袋我只会留常用的一个尺寸，左边是充电电池。

我会把成药、软膏跟 OK 绷之类的物品从盒子拿出来，并将成药分成一次要用的分量，这样会比较方便取用。

电线之类的东西我会卷起来，分别放到分隔置物盒里，这样就不会缠在一起。

客厅壁柜

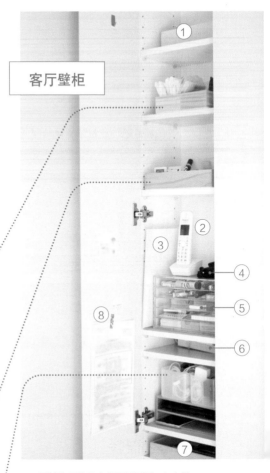

　　尽管这是位于客餐厅最里面，在电视旁大约 30 厘米宽的小小壁柜，但是避免了东西乱丢在客厅的一个收纳方式；里面有延长线，因此电话跟充电器也收在里面。

1 薪资明细
2 电话
3 公司联络网
4 数码相机
5 义具
6 延长线
7 很少使用的遥控器
8 代替公布栏的紧急联络电话表

使用时
会很轻松的小诀窍

面包机是收在水槽下面的大抽屉里，虽然摆在开放式置物架上比较方便，但因为我不是每天烤面包，所以就放这里了。取而代之的是我把它收到有提手的袋子里，这样要拿出来就不会很麻烦。我也会把一定要用的电子秤一起收进袋子里，就更省事了。

只要不把东西拿出来放，
打扫就会很轻松！

在客厅、厨房、洗脸台这些地方，我会尽量不在地板跟吧台等"平面"的地方摆东西。浴室也一样，我连肥皂都没有放，洗发精之类的物品都收在洗脸台的镜子后面，每次洗澡时才会拿出来。污垢大多藏在摆放的物品周围，只要这样做，打扫起来就很轻松。

结语

　　在撰写这本书的时候，找又重新分析了自己挑选物品的方式。虽然我在选择物品时没有想得那么仔细，但是事后就会发现，我会考量细微的部分后再做选择。

　　我觉得一面比较物品的设计、价格、功用等，一面做出选择的过程是很有意思的。即使到最后选择不买，但至少我会对踌躇这件事产生雀跃的心情。这对喜欢挑选物品的我而言，是非常幸福的时刻。

　　最初是为了提升自己的干劲，才开始在 Instagram 上传照片，这一举动，转眼之间让我竟和许多人产生了连接，甚至还收到许多令人开心的留言。我自己也会一边望着漂亮的照片，一边得到启发，或者是被治愈，所以我也获得了好多东西。

　　想不到我这种平凡人的生活也能写成一本书……这在一年前实在是想象不到的。一切都多亏浏览我的 Instagram 的访客，真的很谢谢大家。

文章中的物品全是作者个人物品；虽有载明购买处，但也有可能买不到了。标明"在网络搜寻后购买"的物品，是先以商品或品牌仔细搜寻，再依照价格和店家评价来决定要向哪家店购买。

　　比起介绍物品本身，本书的主题更着重于推广物品的选择与使用方式，而不是以广告为目的来介绍的。

　　文章提及的物品使用感想与方便程度，均以作者的个人观点而定。

　　物品的使用、收纳方式，都是由作者本人以生活的便利性与安全性等条件，做出个人判断后再执行的。若要当成生活中的参考，请在各种条件下充分评估其安全性与实用性后再采用。

　　文章中的资讯如购买处、网址等，均取自采访当下的内容。

图书在版编目（CIP）数据

打造你的简单生活/（日）霍仑著；玛茹译. ——济南：山东人民出版社，2021.3
ISBN 978-7-209-12652 6

Ⅰ.①打… Ⅱ.①霍… ②玛… Ⅲ.①生活 知识－通俗读物 Ⅳ.①TS976.3-49

中国版本图书馆CIP数据核字(2020)第128403号

"SIMPLE+SUKKIRI=RAKUCHIN" NO MONOERABI
© holon 2016
First published in Japan in 2016 by KADOKAWA CORPORATION, Tokyo.
Simplified Chinese translation rights arranged with KADOKAWA CORPRATION, Tokyo
through Shinwon Agency Co.

山东省版权局著作权合同登记号　图字：15-2017-252号

打造你的简单生活

DAZAO NIDE JIANDAN SHENGHUO

[日] holon·霍仑　著

主管单位　山东出版传媒股份有限公司
出版发行　山东人民出版社
出 版 人　胡长青
社　　址　济南市英雄山路165号
邮　　编　250002
电　　话　总编室（0531）82098914
　　　　　市场部（0531）82098027
网　　址　http://www.sd-book.com.cn
印　　装　济南龙玺印刷有限公司
经　　销　新华书店

规　　格　32开（142mm×210mm）
印　　张　4.125
字　　数　40千字
版　　次　2021年3月第1版
印　　次　2021年3月第1次
ISBN 978-7-209-12652-6
定　　价　45.00元
　　　　　如有印装质量问题，请与出版社总编室联系调换。